# 隐藏在自然博物馆里的怪物

YINCANGZAI
ZIRANBOWUGUANLIDE

李莉◎著

GUAIWU 怪物

见怪不"怪"

JianGuaiBuGuai

上海科学技术文献出版社
Shanghai Scientific and Technological Literature Press

图书在版编目（CIP）数据

见怪不"怪"/李莉著．—上海：上海科学技术文献出版社，
2021
　（隐藏在自然博物馆里的怪物）
　ISBN 978-7-5439-8359-5

Ⅰ.① 见… Ⅱ.①李… Ⅲ.①生物学—普及读物 Ⅳ.
① Q-49

中国版本图书馆 CIP 数据核字 (2021) 第 132790 号

选题策划：张　树
责任编辑：苏密娅
封面设计：留白文化

见怪不"怪"
JIAN GUAI BU "GUAI"
李　莉　著
出版发行：上海科学技术文献出版社
地　　址：上海市长乐路 746 号
邮政编码：200040
经　　销：全国新华书店
印　　刷：常熟市华顺印刷有限公司
开　　本：720mm×1000mm　1/16
印　　张：5
版　　次：2021 年 8 月第 1 版　2021 年 8 月第 1 次印刷
书　　号：ISBN 978-7-5439-8359-5
定　　价：45.00 元
http://www.sstlp.com

# 目录

被忽略了六亿年

海绵

听到"海绵",给你的第一印象一定是那种我们生活中常见、常用的清洁用品吧。而我要说的"海绵"可不是用来洗澡、刷碗的。虽然都被人称作"海绵",但却有着本质的不同，一个是人造化工产品，另一个则是"地球上最原始"的多细胞动物。如果你想了解这个鲜为人知却浑身是宝的海洋动物，就跟我一起往下看吧！

在地球异彩纷呈的生命世界中，海绵动物从来都不是"主角"，无论生命演化史如何跌宕起伏，它始终被人们所忽略。如同一位"局外人"，默默旁观着生命的兴衰往替，长达6亿年。

人造海绵

海绵动物标本

　　海绵是最原始的多细胞动物，也是迄今为止发现的地球上最原始的动物实体化石（中国科学院南京地质古生物研究所殷宗军博士等人在2015年瓮安生物群中发现了贵州始杯海绵）。这个最早，到底是有多早呢？距今约6.09亿年。海绵动物也被称为多孔动物，它们的身体由多细胞组成，但细胞之间保持着相对的独立性。细胞已经开始分化，还没有形成组织和器官，无真正的胚层，身体由两层细胞构成体壁，体壁围绕一中央腔，中央腔以出水口与外界相通。体壁上也有许多小孔或管道，并与外界或中央腔相通。属于单细胞向多细胞过渡阶段的动物。

见怪不"怪"

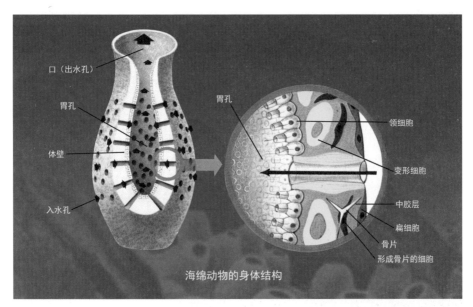

口（出水孔）

胃孔

体壁

入水孔

胃孔

领细胞

变形细胞

中胶层

扁细胞

骨片

形成骨片的细胞

海绵动物的身体结构

海绵动物的身体结构

不同形状的海绵动物

不同形状的海绵动物

不同形状的海绵动物

见怪不"怪"

海绵是一个庞大的"家族"，现生有一万多种。绝大多数为海底固着生活。海绵的形态多样，有球状、盘状、柱状、锥状和瓶状等。群体生活的往往形成丛状或树枝状，大小变化由数毫米到2米之间。由于其形状像植物，而且根植在海底，以至于千百年来都被认为是植物，但后来发现它们几乎具备所有最基本的动物特征，所以到19世纪中叶被归入动物界。

海绵细胞的主要成分是碳酸钙或碳酸硅以及大量的胶原质。多数具有钙质、硅质或角质骨骼。海绵动物的骨骼有骨针（海绵针）、海绵丝（骨丝）和非骨针型的矿物质三种。因此，海绵的"口感很差"。海洋生物不选择海绵为食的另一个主要原因在于海绵动物存在一种"化学防御机制"，即通过体内代谢出丰富的化学物质来抵御外敌的侵扰。

如今，被忽略了6亿年的"配角"却开始受到了青睐。从20世纪50年代开始，人们开始对海绵动物展开研究。目前，已经从海绵中发现了大量的具有抗微生物、抗炎、抗肿瘤、抗病毒和免疫调节等活性的化学成分。近年来，海洋生物尤其是海绵在药物研究领域显现出的重要性促使各国竞相投入巨资进行海洋天然产物和海洋药物的研究。可以说海绵动物对人类来说极具医用价值，也是极为重要的海洋资源，需要更多的关注和保护。

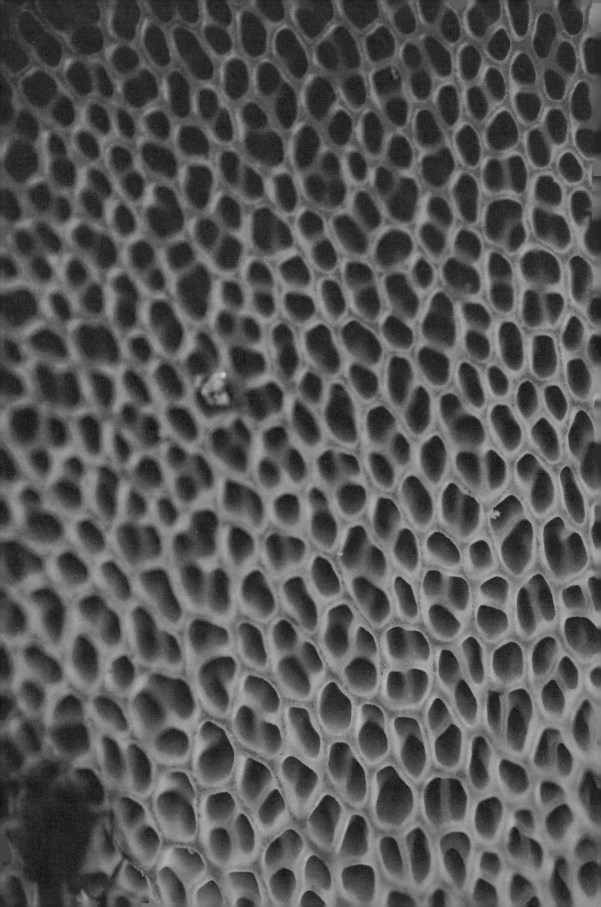

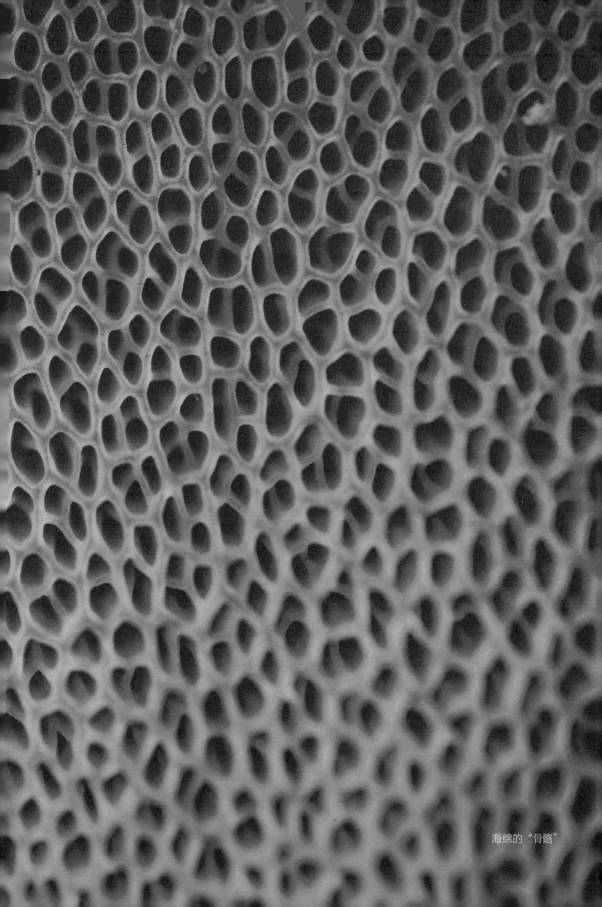

海绵的"骨骼"

海百合

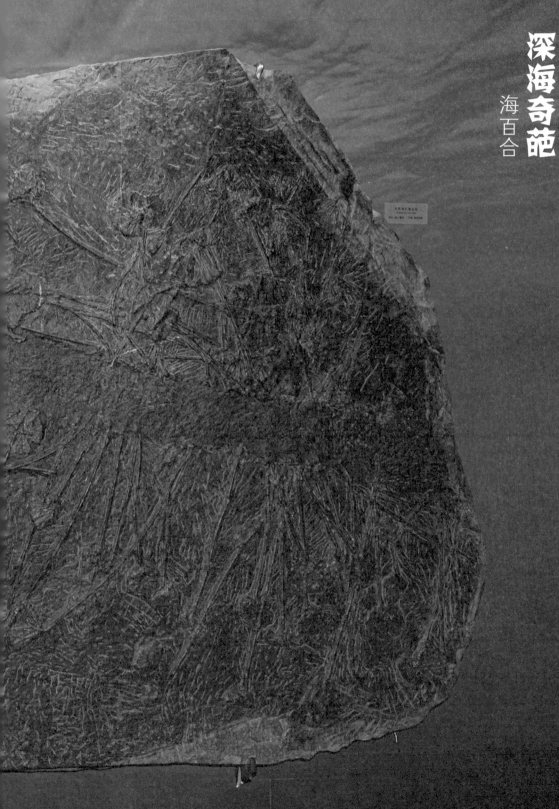

深海奇葩

海百合

接下来，隆重出场的是：最早在寒武纪中期（距今5.4—5.23亿年）就有化石记录，而至今依旧在海洋里生存，跨越了亿万年时空，有活化石之称的生命物种——海百合。

一听"海百合"这个名字，我们可能会觉得，它是否如百合花般曼妙芬芳，它是海洋里盛开的百合花吗？确实，它非常美丽，但它的"花"可不是我们想象的植物世界里色彩鲜艳的花。它的"花"是由最多可达200条的，带有一束束羽枝的腕构成的，上面布满了纤毛和黏液，这是海百合运动和取食的器官。海百合的色彩虽然也是五彩斑斓的，但它们身体的颜色，可不是植物花

百合花（植物）

海百合（棘皮动物）

见怪不"怪"

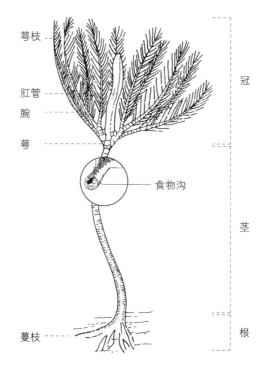

萼枝 ---

肛管 ---
腕 ---

萼 ---

食物沟

冠

茎

蔓枝 ---

根

海百合的形态结构

里的水溶花青素形成的，而是类胡萝卜素和蛋白质结合的脂溶色素，就是我们所说的虾青素。所以海百合可不是植物，它是名副其实的海洋动物。那可想而知，它的气味肯定也不会有百合花的芬芳，它和大多数海洋生物一样，满身的海洋气味。

海百合是海洋中的棘皮动物，目前地球上的棘皮动物有5大类，它们都有非常强大的再生功能。现存于海洋里的海百合有620多种，比起它们的祖先在（石炭纪和二叠纪）海洋里的繁荣昌盛，现在的它们感觉落寞了不少。

海百合目前有两种生存方式。一种过着固着的生活，它们长得很像一株美丽的植物，有茎、萼、腕的分化，茎末端有如同吸盘的结构固着在礁石或者海底泥沙中。其长长的茎支撑着萼，萼内是海百合的身体部

分：生殖管道和消化管道都在其中，萼上有中缝，这是海百合的嘴，嘴边上就是它的肛门（海百合属于后口动物，它是棘皮动物里口和肛门开口向上的动物）。萼上伸展出带有羽枝的腕，这些腕顺着海水流动的方向伸展开来，当海水带来食物的时候，腕上带有黏液的羽枝将食物捕获。大部分固着生活的海百合，一生都不会移动，它们主要生活在深海。另一种海百合主要生活在浅海中，它们用"卷枝"代替了长茎，这些卷枝可以帮助它们暂时固定在礁石上，也可以漂浮在海中或者在海底游动。它们过着半固着、半漂游的生活，这类海百合的腕更多，它们被称为"海羽星"，现存的海百合中有三分之二都是"海羽星"。

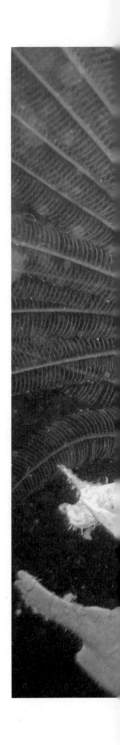

海百合和所有棘皮动物一样，都有强大的再生功能。其中有一类叫作海羊齿的海百合，在不同的情况下，再生的能力也不同，例如：它在没有受到威胁的状态下，腕部断裂后，受损伤细胞开始自我修复，在自我修复的基础上，新生的表皮细胞再分化成腕部组织，最终达到腕部再生，这种修复叫作"变形再生"；而当它受到威胁时，腕部断裂后，它不光开启"变形再生"，同时又开启了另外一种再生形式——"表变态再生"，这种再生模式，激发了未分化细胞的增殖功能，这为新生组织，提供了足够的细胞储备，从而加快新组织的再生。这种双管齐下的再生模式，加快了海羊齿在极端情况下，快速再生的能力。

见怪不"怪"

半固着生活的海百合（海羽星）

海参的保护色

最『硬核』动物

海参

说起"棘皮动物"，大多数人的脑海中闪现的只是一个模糊的概念。但如果说起海星、海胆、海参，你一定会恍然大悟，"啊！原来就是它们啊！"棘皮动物属于后口动物，从寒武纪开始出现繁荣至今。我们今天的主角就是最"硬核"的棘皮动物——海参。

海百合　　　　　　　　　海胆　　　　　　　　　　　　　海星

棘皮动物标本

见怪不"怪"

乍一看，海参"一身赘肉"，没有统筹全身的神经中枢，也没有发达的感觉器官和强健的肌肉组织，只能慢吞吞地完成一些有限的动作，演化的脚步似乎在它身上停滞了下来。但海参却历经几次地球物种大灭绝的考验，绝对称得上海洋中的"活化石"。海参是靠着什么"硬核"技能在残酷的生存竞争中存活了近6亿年呢？

海参有着强大的繁殖能力，大多数种类的海参都是通过体外受精的方式进行有性繁殖。这意味着雄性和雌性的海参会释放成千上万的精子和卵细胞到水中，以增加受精的机会。

别急，海参还有更令人不可思议的"硬核"技能——再生能力。当面对掠食者威胁的时候，海参会向掠食者喷射出自己的内脏，让对方吃掉，而其自身借助排脏的反冲力，为自己赢得逃脱的机会。逃脱后的海参可以通过自身强大的再生能力修复身体，假以时日，"被掏空"的参体也会"满血复活"。

除了要应付掠食者的袭击，海参还演化出了应对各种生存环境的绝技。我们知道有些动物需要冬眠，而海参却反其道而行之，它会夏眠。由于海参以浮游生物为食，而浮游生物对水温十分敏感，冬天水冷的时

海参

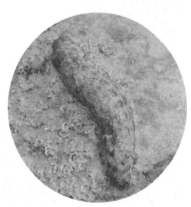

海参的保护色

候，浮游生物下潜到海底。夏至水暖，海里的水温升到20℃时，浮游生物上浮至海面进行繁殖。此时海参失去了食物，它便不声不响地转到岩礁暗处，背面朝下，一睡就是三四个月。而且在进入夏眠前，海参会将内脏全部吐出，这期间不吃不动，整个身子萎缩变硬，待到秋后才苏醒过来恢复活动。海参用夏眠来渡过夏季海底食物匮乏的难关。

　　海参也是个海底"变色龙"，生长在海里不同环境的海参，接受不同程度的阳光照射，自然会长成不一样的肤色。同时，体色也是它的一

见怪不"怪"

种保护色，它会根据所处环境变化体色，与身边的岩石或者沙子颜色相似，这样就可以有效地躲过天敌的伤害。在礁岩附近的海参，多为棕色或淡蓝色；而居住在海藻、海草中的海参则为绿色。当然，海参的颜色还受其食物和捕捞季节等多种因素影响。

　　了解了这些充满了魔幻色彩的生存之道，你是不是也和我一样啧啧称奇呢？海参的形象已经不再是传统印象中的"海中珍品"了，而是真正的"硬核怪物"。它的本领绝对会令你刮目相看。

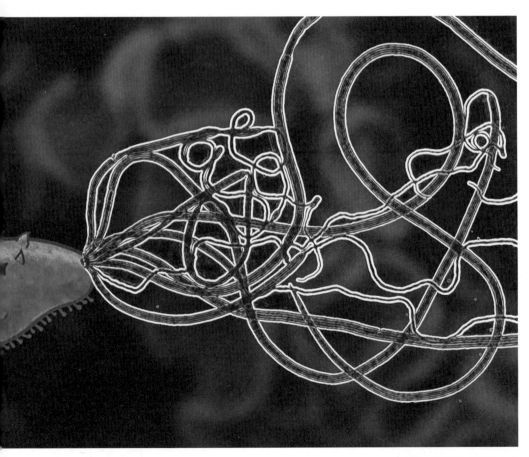

海参"硬核"的逃生方式

苔藓群落当中生长着一种地衣

独特的生命体

地衣

说到地衣，很多人会把它和苔藓相提并论。确实有些苔藓和地衣生长在相同的环境中，比如石头上和树干上。但是如果在显微镜下仔细观察，会发现苔藓有明显的根、茎、叶的分化。而地衣长得好像没有什么规律，它和苔藓的结构完全不同。观察表明，苔藓其实是一种植物，而地衣在显微镜下有一部分呈现丝状结构，它们实际上是真菌的菌丝。

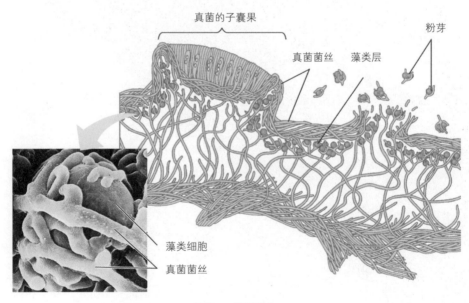

真菌的子囊果

粉芽

真菌菌丝　　藻类层

藻类细胞

真菌菌丝

地衣——菌藻共生

见怪不"怪"

那地衣是类似蘑菇的真菌吗？也不尽然。地衣实际上是由两种不同的生物共生形成的复合体，它的另一部分就是光合共生体，即藻或者蓝细菌。因此，地衣并不是单一的生物，它更像一个在特殊环境中运转的小型生态系统，有真菌，有藻类，甚至还可能有其他微生物。这些生物相互影响，共同组成这个小型生态系统。

总之，以平常的眼光来看，地衣是一种很另类的生命体。地衣体中共生的藻或者蓝细菌，可以通过光合作用为自身和真菌提供有机养分；而共生真菌可以吸收外界的水分和无机盐提供给藻类；菌丝包裹着共生藻，其代谢产物还可以保护地衣体，免受病原微生物及外界辐射的伤害；同时菌丝还能改变共生藻细胞的渗透压，并将部分营养成分转移给自己。它们真是共生生物协同合作的典范。

地衣的分布极其广泛，世界各地都可以看到它的身影。例如，在干旱缺水、早晚温差极大的荒漠或者酷寒、烈风、全年平均气温达零下二十多度的极地大陆都有大量的地衣生长。这些地方高等植物极其稀少，但是地衣却是这些地方的优势物种。这种极强的适应性，源于它们独特的机体构造，以及自身特殊的生理生化特征。

根据地衣体的形态特征，地衣可分为壳状地衣、枝状地衣和叶状地衣，但是它们之间也有一些过渡类型。研究表明，在沙漠当中，叶状地衣和壳状地衣会更多一些；但是在南极，枝状的松萝又是优势物种；而生活在雨林里的枝状地衣耐旱性极强，并且擅长快速吸取空气中的水分。叶状地衣靠增加持水，储水量来对抗干旱。

而菌藻共生的互补优势，也使它们可以携手度过最残酷的季节。与绿藻共生的地衣体，对抗寒冷干旱的能力比较强，而与蓝藻共生的地衣体，通过产生凝胶状物质来帮忙保持水分。在极其寒冷的季节，地衣体

地衣可以适应各类生存环境

见怪不"怪"

壳状地衣

枝状地衣

叶状地衣

产生的一些次生代谢物可以起到防冻作用。多数地衣体可以脱水九成，但依旧可以保持最低的新陈代谢。很多地衣生长速度非常缓慢，它们每年仅增长1毫米左右，而一种生长在加拿大北部的地图衣，每年仅增长0.15毫米，这也是适应环境的一种表现。

地衣对岩石风化和成土过程的促进作用

见怪不"怪"

地衣在地球上出现的时间非常早。研究表明，最古老的地衣化石是出现在泥盆纪的地层中，距今4亿年。但是最早的地衣是什么时候出现的，至今依然是个谜。

有人说地衣就像为生物开道的先锋。为什么这么说呢？地衣附在岩石上的样子，很不起眼，但是它们可一直都在工作，地衣体通过地衣酸的化学作用和菌丝生长的机械作用促进了岩石的风化，加速了成土过程。土壤的形成，影响着后期高等植物的大发展。地衣的先锋作用是毋庸置疑的。

地衣的一些提取物在我们的食品、日用品和医疗上都有利用。在一些国家和地区，人们利用地衣对环境进行监测，因为地衣对环境污染非常敏感。

全世界分布着大约2万种地衣，中国已报道3000余种。前面提到，地衣对环境敏感性非常高，由于人类对环境的破坏以及对地衣资源的过度消耗，世界上的很多地衣物种都已经销声匿迹。如何保护和开发利用地衣，是目前全世界地衣学家都为之努力的课题。

雄鲎与雌鲎

铁甲柔情

鲎

鲎的样子看上去有些奇怪，就像一个倒扣着的青灰色的瓢。它的名字也让我们觉得陌生。我们会觉得鲎很稀奇，但是如果足够幸运，我们是可以在东南沿海滩涂上，看到鲎的身影的。滩涂上的鲎，大多数都是一只大鲎背着一只小鲎。这可不是妈妈带着孩子，这是一对鲎夫妻。大的是雌鲎，小的是雄鲎。鲎夫妻在产卵季节，往往都是雄鲎抱挟着雌鲎，不离不弃地在滩涂上游走、散步。其实它们是在一起合作，准备挖洞产卵。海边的人们看到它们形影不离的样子，就给它们起了一个温柔的名字——"海底鸳鸯"。

鲎标本

见怪不"怪"

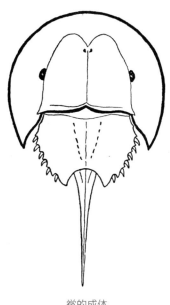

鲎的成体

　　鲎是一类在地球上生活了足足有4.5亿年的古老节肢动物，它们被称为"活化石"。那它们是一群孤家寡人吗？现生的鲎有没有亲朋好友呢？让我们帮帮鲎，找找它的亲友吧！

　　鲎的受精卵是黄色的，经过90多天太阳的孵化，当早已成形的鲎胚胎脱掉第二层卵膜后，就孵化出了鲎的三叶幼体，三叶幼体的形态和远古的三叶虫非常类似，但是成年鲎和三叶虫的差距就非常大了。那三叶虫和鲎有很密切的起源关系吗？

　　随着分子生物学研究的发展，基因溯源的广泛应用，加上形态学的对比考察。科学家已经证实，鲎和现生的蛛形纲动物（蜘蛛、蝎子等）的亲缘关系是最近的，尤其鲎的中枢神经系统结构与蜘蛛、蝎子如出一辙。基因溯源还发现，鲎与多足亚门动物（蜈蚣、马陆等）也有着很近的亲缘关系。那三叶虫肯定就不是鲎的近亲了呗？

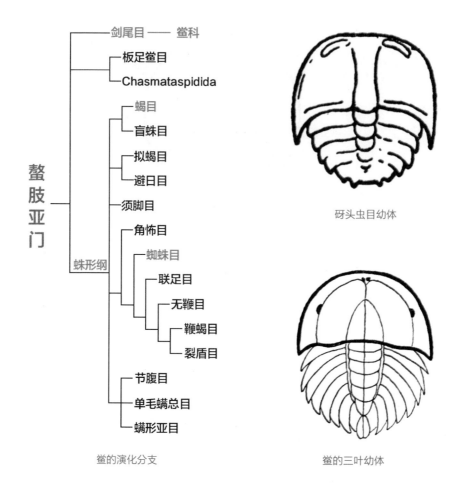

螯肢亚门

剑尾目 —— 鲎科

板足鲎目

Chasmataspidida

蛛形纲

蝎目

盲蛛目

拟蝎目

避日目

须脚目

角怖目

蜘蛛目

联足目

无鞭目

鞭蝎目

裂盾目

节腹目

单毛螨总目

螨形亚目

鲎的演化分支

砑头虫目幼体

鲎的三叶幼体

但经形态学的研究对比后，发现远古三叶虫中的镜眼虫目和多足亚门里的蜈蚣有着很相似的特征。而鲎的三叶幼体也和远古三叶虫中的砑头虫目幼体有着很相近的地方。形态学研究可见，其实三叶虫与鲎和多足亚门的生物都有着极其密切的亲缘关系。

鲎的远古和现代的亲戚，我们已经都找到了。很多人可能又会问，鲎的亲戚三叶虫早已销声匿迹了，但鲎为什么可以历经地球上多次生物灭绝事件，依旧存留至今呢？这是因为鲎有着得天独厚的身体条件。鲎

见怪不"怪"

得益于一身坚固耐压的铠甲，其外形呈圆弧状，当它们躲避天敌时，会把圆形如瓢的身体扣到沙土里，这样形成的真空状态，很难让敌人把他们掀翻；它身体分节，游动起来也比较灵活，长长的剑尾像风筝的飘带，可以帮助身体维持平衡和扳正身体；它背甲上同时具有单眼和复眼，这让它们在海底看东西也非常清晰；它们蓝绿色的血液也非常特殊，当它们受伤以

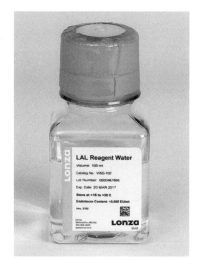

鲎试剂

后，血液中的凝结因子，会阻止真菌和能产生内毒素的细菌侵犯伤口，其超强的自愈能力，让它们躲避了无数次的劫难。由于鲎血液对细菌超强的甄别能力，它的血液被称为"鲎试剂"，为人类作出了很大的贡献。

在自然环境下，鲎身披"铁"甲，防御一流，但却充满"柔情"，"夫妻同心"。这让它们历经亿万年的磨难，依旧子孙绵延。但是到了近代，鲎却已经危在旦夕了。人们在沿海已经很少能看到它们的身影了，海水的污染、栖息地的破坏，以及人类的大量捕杀等导致它们面临着生存危机。虽然现在已经建立了很多鲎保育基地，但是它们的生存现状依旧不容乐观。人类应该意识到，每一个物种的存在都有着非常重要的意义，都可能在延续着另一个物种的生命，这种生态系统的互助与维护，就是大自然生生不息的规律。作为源于自然的人类，我们千万不要让人类的贪婪，毁掉这种生生不息。因为我们知道，这样的毁灭，最终遭殃的只会是我们人类。

鲎坚固耐压的铠甲

德国小蠊

『蜚』夷所思

蜚蠊

蜚蠊的名字虽然听着有些陌生，可如果我们仔细观察蜚蠊标本，会发现它们虽然被压扁在化石围岩中，但是依然可以看出，它们身体宽而扁平，翅膀虽然以不同的形态压叠在岩层上，但依旧可以看出那呈三角形的小脑袋上长有长丝状的触角……这和传说中打不死的"小强"也太像了吧！是的，这就是今天要介绍的主角——蜚蠊，它的俗名：就是蟑螂。

蜚蠊化石

见怪不"怪"

德国小蠊，已经完全融入人类的生活中。它无所不吃，只要是有机物，毛发、木头，哪怕是糨糊都能甘之如饴；它边吃边拉，留下难闻的味道不说，还把身上携带的病毒细菌四处散播；它腹背部的壳坚硬，承压能力很强；它逃跑、装死一流，3毫米的缝隙说钻就钻；它是防辐斗士，据说蟑螂抗辐射能力强，它的抗辐射能力超过人类10多倍；它断头能活，即使没有了头部，依旧可以存活一个星期，雌性蟑螂依旧可以为自己身体内的卵鞘提供营养。打不死的"小强"就已经是梦魇了，而它们超强的繁殖能力，让它们被全部消灭的可能性根本不存在。某些雌性蟑螂，每隔7—10天就可产生一个卵鞘，卵鞘中能孵出10—50只小蟑螂；还有一些种类的成年雌蟑螂一生能产下近万只小蟑螂；雌性蟑螂交配一次，即可终生产卵繁殖。

除蟑螂外，蜚蠊目下的昆虫其实非常多，蜚蠊（蟑螂）、白蚁等都属于蜚蠊目。蜚蠊目下的昆虫可是地球上的老住户了，尤其是蟑螂，它们比恐龙出现的还早，看着恐龙等一些老住户们灭绝，看着人类出现，享受着现在人类为它们提供的美味佳肴。它们匪夷所思的生存能力与繁殖能力，让人们不得不承认，蟑螂有可能会成为地球上最后消失的物种。

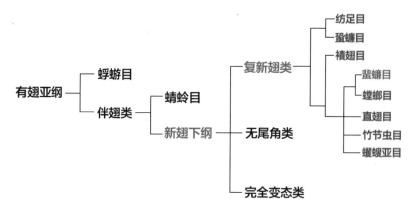

蜚蠊目演化树状图

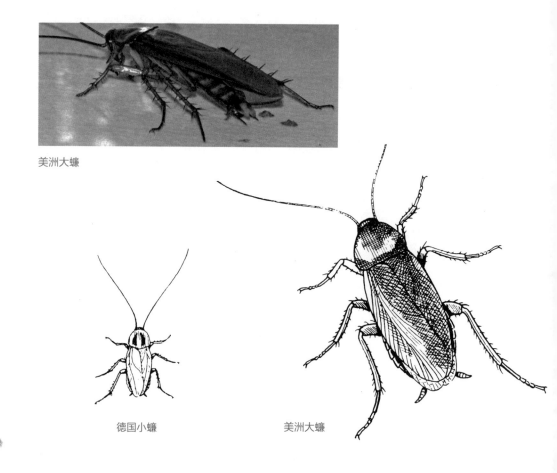

美洲大蠊

德国小蠊                  美洲大蠊

见怪不"怪"

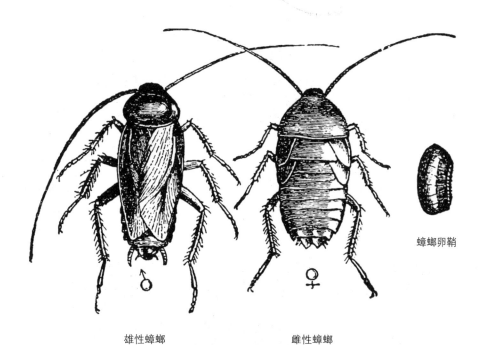

雄性蟑螂 雌性蟑螂 蟑螂卵鞘

北京自然博物馆水族厅巨骨舌鱼

河中巨怪

巨骨舌鱼

前页图中体长近2米的大鱼，有长而尖的头，青色的身体闪烁着金属的光泽，巨大的鳞片边缘透着红晕。它们贴着水族缸的缸壁悠闲自得地来回游走，遇到有游客抚摸缸壁时，它会迎合过去，样子有趣极了。

知识卡片：巨骨舌鱼是典型的"老来俏"，随着年龄的成长，它们的鳞片会由后向前逐渐变成鲜红色。

巨骨舌鱼的老家在南美最原始的热带雨林水域中，在巴西、秘鲁、委内瑞拉、哥伦比亚的亚马孙河流域及支流中，都有巨骨舌鱼的身影。生活在那里的野生巨骨舌鱼体型庞大，是目前世界上最大的有鳞淡水鱼，体长可达2米，体重超过200公斤。其性情凶猛，肉食，善于运动，曾有人看到它跳出水面6米捕食飞过的小鸟。亚马孙河里的食人鱼以凶

巨骨舌鱼的庞大体型

见怪不"怪"

亚马孙河流域

巨骨舌鱼的鳞片

残著名，但是巨骨舌鱼可不惧怕它们。巨骨舌鱼富有弹性和金属韧性的鳞片，就像天生的"金钟罩，铁布衫"，可以轻松弹开食人鱼利齿咬合造成的压力；而其矫健的身躯，让它们依靠冲撞就可以稳操胜券；其强有力的甩尾能力，连鳄鱼都得避让几分。

　　巨骨舌鱼生活在水流极其缓慢的地方，在含氧量极低的水域，它依旧可以生存。这是为什么呢？我们都知道，鱼类都是用鳃呼吸的，身体里的鱼鳔可以帮助鱼类在水中沉浮。巨骨舌鱼可以用鳃呼吸，同时它的鳃上器也很有特点，这是一对管状的囊，从鳃孔向后一直延伸到尾部，使它除了可以像普通鱼一样用鳃呼吸外，还可以辅助呼吸空气中的氧气。它们习惯于躲在水底障碍物下，张着巨口，"守株待兔"。当有猎物出现时，它会迅速出击，吞食猎物，它们长满骨齿的舌头，瞬间可将猎物撕咬粉碎。别看巨骨舌鱼看起来非常凶悍，但是它们对自己的孩子还

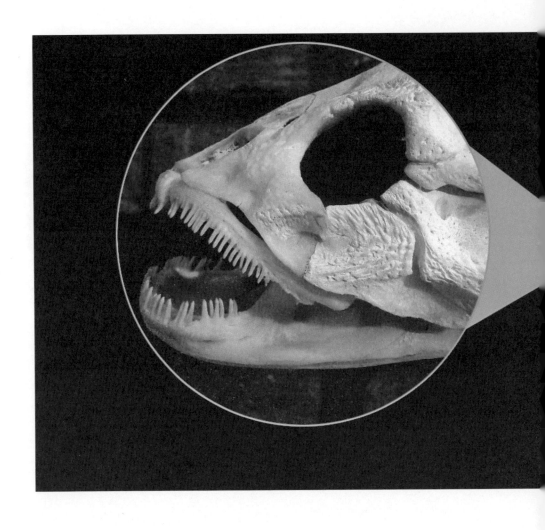

是百般呵护的。每年的4、5月是巨骨舌鱼的主要产卵期，它们会在沙质河床挖巢产卵，巢的宽度大约50厘米，深20厘米。我们知道大部分鱼类是不管自己的孩子们，但是巨骨舌鱼可是极其负责任的父母。小鱼孵出后，雄性巨骨舌鱼主要负责照顾幼鱼，雌性也不会离开太远。由于幼鱼们会被成年雄性头部分泌的（费洛蒙等）物质吸引，会聚集在成年鱼的头部，所以幼鱼们可以随时受到保护。雄性巨骨舌鱼会照顾幼鱼3

见怪不"怪"

巨骨舌鱼的骨齿

个月左右，到幼鱼独立生活后才会分离。

　　巨骨舌鱼是一类古老的鱼类，其历史悠久，在1亿年前它们就已经出现了，被称为"活化石"，属于国际保护及物种，被列入世界自然保护联盟（LUCN）受胁物种红色名录，中国在1990年引进饲养。如果你们想看看这些有趣的巨骨舌鱼，请来博物馆的水族厅一睹它们的风采吧。

蝙蝠栖息的自然环境

『翼手毒王』

蝙蝠

蝙蝠标本

2020对全人类来说是极不寻常的一年，新冠病毒席卷全球。这种"陌生"的病毒从何而来？病毒是通过野生动物传播给人类的说法一度被热议，蝙蝠成为"罪魁祸首"！但为什么会怀疑蝙蝠呢？它到底因为什么成了最重大的"嫌疑者"呢？难道它真的是人们传说中恶魔的化身吗？

在动物分类学中，蝙蝠属于翼手目，共有19科185属962种，占全球哺乳动物种类的20%，是仅次于啮齿目的第二大目，是哺乳动物中唯一具有飞行能力的类群。翼手目可能起源于最原始的真兽下纲—北方兽类—劳亚兽总目，发现的最早蝙蝠化石可追溯至晚古新世（约5500万年前）。

蝙蝠作为唯一飞向天空的哺乳动物，它们在鸟类霸权的天空硬是撕开了一道口子，成为继昆虫、翼龙、鸟类后第四类飞行的生物。但与飞行相比它们另一种"超能力"更加不可思议。对于恒温动物来说，体型越大，新陈代谢越慢，一般寿命也会越长，但蝙蝠却是个"异类"，因为飞行需要更强的代谢速率。按理说，蝙蝠新陈代谢快，应该很短寿才对，但是奇怪的是蝙蝠的寿命却很长，有些种类的蝙蝠的寿命可以超过40年。科学家通过对蝙蝠的基因组测序研究发现，蝙蝠适应飞行后获得了特殊能力——DNA损伤修复能力，能够对抗氧化应激水平升高，它们因此获得更长的寿命。

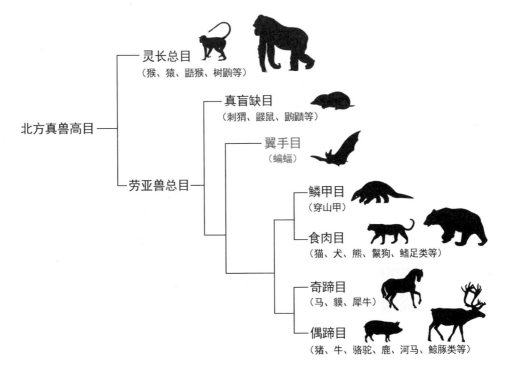

翼手目的演化分支

不仅如此，蝙蝠还拥有强劲的免疫系统。要知道蝙蝠称得上是"天然的活体病毒库"，SARS病毒、狂犬病毒、埃博拉病毒、新冠病毒等，几乎都能在蝙蝠体内找到。已经从蝙蝠体内发现约140种病毒，其中61种都是人兽共患病毒，是名副其实的"毒王"。但又是什么让蝙蝠百毒不侵呢？根据蝙蝠基因组学研究，蝙蝠有着异于其他哺乳动物的基因表达。它们体内有着一类自然杀伤性细胞，形成了抵抗外界病原微生物和肿瘤的第一道防线。并且，蝙蝠体内的干扰素水平也相对高，能促使细胞合成抗病毒蛋白防止进一步感染。对于已经受到感染的细胞，蝙蝠体内的MHC-组织相容性复合体起到重要作用，它能识别细胞是否感染，并瞬间击穿消灭感染细

见怪不"怪"

飞行中的蝙蝠

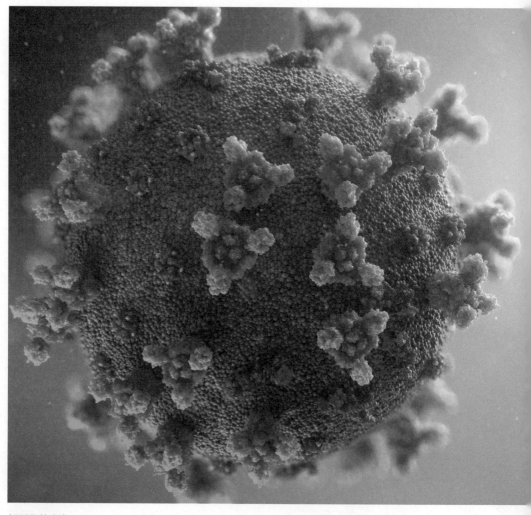

新型冠状病毒

胞。独特的抗病毒能力构成极强的固有免疫抵抗系统，对有危害的病毒迅速做出反应，将病毒维持在一个安全的水平，达到持续排毒效果。与我们感染时才会触发免疫系统不同，蝙蝠的免疫系统始终处于警惕状态。

见怪不"怪"

蝙蝠独特的抗病毒能力能确保自身的安全。但对于其他的物种，特别是人类来说却并不安全。蝙蝠与人类同属哺乳动物，进化上的亲缘关系不是特别远，某些病毒可能在人和蝙蝠的细胞上都有相应的病毒受体；蝙蝠取食的地方多是选在人类居住的地方，蚊虫丰富、植被茂盛，无形中就增加了蝙蝠体内的病毒跨物种传播的机会。所以最好的防控方法还是远离野生动物，不要干扰、破坏它们的栖息环境，保护它们，就是保护我们自己。

蝙蝠栖息的自然环境

蝙蝠经常在人类居住地活动

非洲草原上的斑鬣狗

『碎骨者』的故事
斑鬣狗

我慵懒地趴伏在一片高大的杂草丛后，偶尔探头窥视，这会儿是非洲草原最美的时刻，此刻的夕阳向我身后的土坡泼下最后的几抹金橘色余晖。我知道我族群里的同伴们，已经在土坡下蠢蠢欲动了。今晚是狩猎的日子，因为连续几天的降雨，让我们啃食了好几天斑马的腐肉，因为饥饿，斑马头部的最后几块骨头，也被我们咬碎吞噬殆尽了。强健的颌齿让我们被称为"碎骨者"。这个名字让人生畏，但事实上，我们继承了祖先们食腐肉的习性，而清理骨头碎渣的能力是食腐动物们必须要具备的。

　　我是族群里的"女王"，是群体里最强壮、毛色最明艳的雌性鬣狗。当我身上最后几块褐色斑块被暮色掩盖，我族群里的同伴，将陆陆续续

非洲草原上的斑鬣狗

见怪不"怪"

强悍的"碎骨者"

从周边聚集于此。身后的岩洞里传出"嘤嘤"几声幼崽的低吟。作为它们唯一的妈妈，今天我不能守护于此。我将带领族群的同伴一起狩猎。我低吼，随后高亢的嚎叫，回应接踵而来。将近60只同伴已经在附近待命。那些等级低的雌性鬣狗将继续留守洞外，照顾我的孩子们，几只从其他族群投靠过来的等级最低的雄性鬣狗，将在洞边巡视。

在一片吵吵嚷嚷中，我们用耳朵、尾巴彼此慰问以后，正式出发了。这是一次大规模的群体捕猎。虽然单打独斗我们也是可以的，我们奔跑速度可以达到每小时65千米，并且具有超强的耐力，但是我们的身体相对于大型肉食性动物来说弱了很多，单独狩猎取胜率很低。所以我们更善于群体协作。

今天狩猎很顺利，我们伏击了角马群，角马的奔跑、顶撞、踢踹、弹跳能力都超级强悍。我们追捕的对象大多数都是岁数最大、跑得最慢的，当然也有很多小角马。此刻一只完全离群的老角马，成为我们的目标，我们蜂拥而上，集中咬食角马的腹部、腿部……我知道今天可以饱餐一顿了。在角马还没有完全气绝的时候，我们就已经开始分而食之了。没有办法，非洲草原是个弱肉强食的地方，演化让我们贪婪而残忍，一群鬣狗可以在半小时内完全吃掉一只成年角马。我们一天要吃掉占我们身体体重三分之一的肉类。因为进食量很大，所以，在没有新鲜食物来源的时候，我们会成为草原清道夫，清理草原上的所有尸体。

 知识卡片：斑鬣狗体长约 95—160 厘米，体重 40—86 千克。雌性个体明显大于雄性。

鬣狗群进食

见怪不"怪"

但不幸的是，在我们开始大餐的时候，一只雌性狮子向我们冲了过来。所有族群的同伴都吓得半死。作为首领，我把尾巴高高竖起，发出"唼唼"的吼叫。这个举止让雌狮更加愤怒，它蹿向我的上方，我知道它要咬断我的脖子，我迅速侧身，在一侧身体即将挨向地面的时候，用一侧后肢蹬地蹿开，翻身躲过了这致命的一击。雌狮第一次攻击失利，开始展开第二轮攻击，这次它用利爪拍向我的后背。千钧一发之际，一只强壮的新加入我们族群的雄性同伴，冲向了雌狮身下，强有力地咬向狮子的肛门，这可是大型兽类最薄弱的地方。雌狮躲避及时，这是一只极有经验的狮子，看来它非常了解鬣狗们最残忍也是最有效的攻击手段。它一定知道，即使大象、犀牛等大型动物，都有可能被我们咬食下体，最终被掏空内脏而死亡。其他鬣狗看到狮子处于败势，纷纷摆出驱狮阵型，它们站成一排，肩并肩，共进退。今天太幸运了，借着夜幕的掩盖，狮子没有意识到我们会有这么多的同伴。遇到狮子袭击，千万不能四散溃逃，否则最终会有同伴落入狮口。如果今天同伴少了，我很有可能就没命了，要知道，我们野生鬣狗的死亡，大部分是拜狮子所赐。最终，雌狮落荒而逃。

我欣赏地看了一眼助攻我的外族鬣狗，我将最好的一块肉，赏赐给了它。它感恩地跪伏在我的身旁，看我吃饱以后，才开始吃赏赐给它的肉。别的鬣狗也开始对它表示了友好。是的！我们的族群是有非常严格的等级制度的，一个族群只有一个"女王"，它是级别最高的，级别低的是雄性鬣狗，而外来雄性鬣狗等级最低。但是它们依旧要投靠一个族群，即使被欺负、即使只能吃残渣剩饭……因为如果他们独自流落在外，境地会更加凄惨，恐怕早被豹子、狮子咬断脊背，沦为草原上的孤魂野鬼了。

雌狮的骚扰

斑鬣狗与狮子对峙

见怪不"怪"

饱餐后的我们，用嘴叼了一些剩肉，带回洞穴。有些鬣狗还会从嘴里吐出一些肉，分给留守的同伴食用。饱食后的我，奶水充盈，哺育幼崽。作为"女王"的我，担当着重要的延续种族的任务，真是非常辛苦。我们特殊的雌性繁殖器官，让我们从外观上看和雄性鬣狗很像，所以"安能辨我是雄雌"这句话非常适合我。但是我们生产幼崽的过程非常痛苦，我的母亲就是在生我和其他兄弟姐妹时死去的。要知道大约有15%的雌性鬣狗因生产而死亡，60%的头胎幼崽会死亡，所以我们对孩子是非常呵护的。幼崽要吃奶到4个月，10个月以后它们才可以出洞玩耍，2岁的时候，才可以离开族群，雌性幼崽是永远不离开族群的。

最终我和那个外族帅小伙，又生养了6个子女。在残酷的非洲草原，弱肉强食的场景随时上演，能够寿终正寝的鬣狗并不多。很幸运，我在15岁的时候，因年迈而自然死亡。要知道，鬣狗的寿命都在14岁左右，我已经算是长寿的了。我死后，标本藏在了自然博物馆里。我用我的经历，向往来的观众们介绍着我的前世今生。也许，我在人类的口碑里，并不是善类，而且并不被人们喜爱。但是，任何生命在大自然的生存法则下都实属不易，我们尊重这种法则，履行着我们在自然界里的使命。我们的族群现在只剩下3属4种，已经全部被列入世界自然保护联盟受胁物种红色名录。保护我们吧，我们和你们一样，热爱着自己的家园，守候着自己的家族。万物有灵，因为万物共通。

斑鬣狗与幼崽

獾狐狸标本

# 伪装成斑马的长颈鹿

玃狪狓

玁狚狓的名字听起来有些怪，总觉得像一味中药。玁狚狓音译自非洲当地人对它们的称呼，其拉丁名为（Okapiajohnstoni），也被翻译为欧卡皮鹿。"Okapia"是玁狚狓的属名，是非洲当地人对它叫法的拉丁译名，种名"johnstoni"为了纪念英国人哈里·约翰斯顿，他在1900年首次获得玁狚狓颅骨，从而让世人知道了玁狚狓这种动物。1959年，在刚果民主共和国东部的维龙加国家公园，人们在海拔500米的高山雨林中发现了玁狚狓的踪迹。

维龙加国家公园

见怪不"怪"

獾㹢㹓

长颈鹿

　　图片里的獾㹢㹓，像是被修过图一样。尤其臀部和腿上部的黑白条纹，让它如同穿着"斑马短裤"一般，真的很像伪装成斑马的长颈鹿。最早人们发现它的时候，真的以为它是一种马。但它和马、斑马是没有太近的亲缘关系的。獾㹢㹓是长颈鹿科的，它的前肢和脖颈明显延长，但是没有长颈鹿那么长。雄性獾㹴狓长有长颈鹿型角。它长达20厘米的蓝色舌头和长颈鹿非常类似，可以用来撸取嫩叶、清洁脸和鼻孔。它的平均肩高在1.5米左右，平均体长2.5米左右，体重200—250公斤。它有巧克力色的皮毛，在阳光的照射下，闪着绛红色缎子般的光泽，据说还散发着青草的清香。

獾㹴狓是一种神秘的动物，它是"独行侠"，善于躲藏，独来独往，随时保持警惕，只有在繁殖的4—7月，雄性的獾㹴狓才开始寻找雌性獾㹴狓。在接近、熟悉、交配以后，雄性旋即离开。雌性孕育幼崽的时间将近450天，生产时，雌性会藏在密林深处，生产幼崽。出生后的小獾㹴狓和很多鹿类幼崽一样，半小时之内就可以奔跑了。

獾㹴狓生性胆小，它生活的地方只在刚果东北部的热带雨林和高山雨林间。这里就是著名的维龙加国家公园所在地。这是个全世界关注的自然保护区，不但有獾㹴狓这种神奇动物，还有著名的濒临灭绝的山地大猩猩。维龙加的护林员和其他地方的护林员大不一样，他们往往都是全副武装，持枪持炮的，他们甚至要和维和部队一起守护这个200万亩的自然保护区，但是噩耗依旧频频传来。2021年1月，有6名护林员被武装分子杀害，而这是去年4月牺牲14位护林员以来，又一次惨痛的牺牲。自1990年至今，惨死在这里的护林员近200多名。这里充斥着反政府武装的战争，武装组织的非法活动猖獗，盗猎、采矿、抢劫、杀人等时有发生。因为贫穷，很多人觊觎着这片保护区的天然财富，甚至有人认为杀死维龙加所有的濒危灭绝动物，这里的自然资源就会让他们不再贫穷。偷猎和自然资源冲突严重威胁着岌岌可危的野生动物。新冠疫情暴发以来，这里的游客更为稀少，公园几乎陷入瘫痪状态。而频发的护林员伤亡事件，更让这里的工作

见怪不"怪"

人员士气全无。所以，维龙加国家公园恐怕是全世界最危险的自然保护区之一。而这些护林员基本都是用生命守候着这些珍稀的、濒临灭绝的野生动物。让我们向他们致敬吧！祝福可爱的护林员，以及他们用心守候的每一个生灵，希望维龙加国家公园能平安度劫难！

山地大猩猩

 知识卡片：目前全球只剩下 800 多只山地大猩猩了，而电影《金刚》的原型就是山地大猩猩。山地大猩猩和人类的基因相似度可到 90%，维龙加保护区现存大猩猩不到 500 只。

全副武装的护林员